行水云课数字教材

高等职业教育水利类新形态一体化教材

水力学实验

主　编　贺荣兵　杨如华

中国水利水电出版社
www.waterpub.com.cn
·北京·

内 容 提 要

本书是"水力学"课程配套的实验教材。全书共分为3篇，14个实验，包括绪论、操作类实验和演示类实验。

本书可作为高等职业院校水利类和土木类各专业的教学用书，也可以作为其他高等院校的参考用书。

图书在版编目（CIP）数据

水力学实验 / 贺荣兵，杨如华主编. -- 北京：中国水利水电出版社，2024.2
高等职业教育水利类新形态一体化数字教材
ISBN 978-7-5226-2380-1

Ⅰ．①水… Ⅱ．①贺… ②杨… Ⅲ．①水力实验－高等职业教育－教材 Ⅳ．①TV131

中国国家版本馆CIP数据核字(2024)第028754号

书　名	高等职业教育水利类新形态一体化数字教材 **水力学实验** SHUILIXUE SHIYAN	
作　者	主编 贺荣兵 杨如华	
出版发行	中国水利水电出版社 （北京市海淀区玉渊潭南路1号D座　100038） 网址：www.waterpub.com.cn E-mail：sales@mwr.gov.cn 电话：(010) 68545888（营销中心）	
经　售	北京科水图书销售有限公司 电话：(010) 68545874、63202643 全国各地新华书店和相关出版物销售网点	
排　版	中国水利水电出版社微机排版中心	
印　刷	清淞永业（天津）印刷有限公司	
规　格	184mm×260mm　16开本　3.25印张　79千字	
版　次	2024年2月第1版　2024年2月第1次印刷	
印　数	0001—4000册	
定　价	**16.00** 元	

凡购买我社图书，如有缺页、倒页、脱页的，本社营销中心负责调换

前　言

　　"水力学"是水利类、土木类、环境类等专业的一门专业基础课。"水"是其研究的基本对象，水的平衡和运动规律的"力学"问题是本书的主要内容。水力学不仅是上述各专业学生后续所学专业课程的基础，也是学生们毕业后立足岗位所必需的技能知识。"水力学"课程理论性极强，实验验证和现象演示，更直观易懂，是理论学习的补充，与理论学习有着同等重要的地位。所以，编者结合多年对"水力学"课程的教学改革成果以及教学中的经验总结，编写了此书。

　　本书针对高等职业技术教育的特点，以学生能力培养为主线，提升学生分析解决问题的能力，以及激发学生创新能力为指导思想而编写。全书实验分为两部分。第一部分为操作类实验，采取教师讲解实验原理、学生动手实践操作方式进行。此部分实验属基础验证性实验，包括量测数据、实践操作等。第二部分为演示类实验，采取教师演示、分析、介绍，学生观看、学习的方式进行。学生通过学习实验操作验证水力学的重要公式和结论，加深对重要理论和结论的理解，并能较熟练地解决实际工程问题。学生通过现象观察，拓宽水力现象知识面，深入理解三大方程和其他重要结论。

　　本书编写力求做到结构紧凑、条理清晰、通俗易懂、图文并茂，尽可能体现高等职业教育的特点，突出实用性、易学性和系统性，培养学生的动手能力、实际应用能力和创新能力。

　　本书编写人员及编写分工如下：湖北水利水电职业技术学院贺荣兵编写第1篇、第2篇实验1～实验6，并负责全书统稿；杨如华编写第2篇实验7～实验10以及第3篇。

　　在本书的编写过程中，参考了国内同行的著作、教材及相关规范，在此向有关作者表示衷心的感谢！

　　由于编者水平有限，书中难免存在不足之处，恳请广大读者批评指正。

编者

2024 年 1 月

"行水云课"数字教材使用说明

"行水云课"水利职业教育服务平台是中国水利水电出版社立足水电、整合行业优质资源全力打造的"内容"＋"平台"的一体化数字教学产品。平台包含高等教育、职业教育、职工教育、专题培训、行水讲堂五大版块，旨在提供一套与传统教学紧密衔接、可扩展、智能化的学习教育解决方案。

本套教材是整合传统纸质教材内容和富媒体数字资源的新型教材，将大量图片、音频、视频、3D动画等教学素材与纸质教材内容相结合，用以辅助教学。读者可通过扫描纸质教材二维码查看与纸质内容相对应的知识点多媒体资源，完整数字教材及其配套数字资源可通过移动终端App"行水云课"微信公众号或中国水利水电出版社"行水云课"平台查看。

数 字 资 源 索 引

目　录

第 1 篇

绪　　论

1.1　水力学实验的教学目的

"水力学"是水利类、土木类、环境类等专业的一门基础课程，理论性很强，学习难度较大，主要原因是，公式多、抽象、涉及学科多、学生理论基础较薄弱等。而水力学实验，刚好可以解决这大部分问题。首先，实验可以验证很多公式，加深和帮助学生对公式和理论的理解；其次，实验可以使学生直观地观看很多水力现象，化抽象为形象，有利于学生的理解和掌握；最后，实验可以模拟实际工程，验证或预测工程上多种实际问题，从而，为实际工程提供可靠的"预演"，解决了工程上的诸多问题。其成本小、安全性高、易于操作等优势受到了普遍的青睐。

水力学实验研究主要是通过实验室的水管、水池、水槽以及河道工程模拟等实验设备，来对具体的水流进行量测、分析和观察，以认识水的静止和流动的规律。水力学实验包括实际原型观测、系统实验和模型实验。水力学实验室实验一般是指系统实验。

1.2　水力学实验室概况

水力学实验室是学生进行水力学实验的重要实训基地，基本配置有操作类实验仪器共 10 种，演示类实验仪器共 4 类，能够满足水力学基本技能训练、定性分析实验和定量量测实验。水力学实验室仪器一般采用自循环式供水系统，为有机玻璃制作，一般一次可以容纳 1 个班级开展实验。

1.3　实验室教学要求和注意事项

实验室教学要求和注意事项主要有以下几点：
（1）学生必须得到指导教师的允许后，方可进行水力学实验操作。
（2）操作前应检查电源线路连接是否正确牢固。
（3）操作中严格按照水力学实验指导书操作步骤进行操作。

（4）操作中要避免碰损仪器（特别是玻璃仪器）。

（5）辅导老师应加强巡回指导，认真督察，防止人身和仪器设备安全事故的发生。

（6）水力学实验结束后关闭电源，按规定清洁保养仪器设备。

1.4　实验报告的要求

实验报告应按以下要求完成：

（1）每个班级划分为小组进行实验，各个成员注意相互协助。

（2）实验报告书写要规范，使用铅笔书写。

（3）实验数据记录要保持原始数据，尽可能不要修改。

（4）每个小组的每位成员都需独立完成一份实验报告，当堂提交。

（5）实验数据及时处理，应当堂完成计算，如果结果精度误差太大，须向指导老师申请重新实验。

第 2 篇

操 作 类 实 验

2.1　实验 1　静水压强量测实验

2.1.1　实验目的

（1）验证水静力学基本方程。

（2）测量某种油的密度。

2.1.2　实验装置

本实验装置如图 2.1 所示。

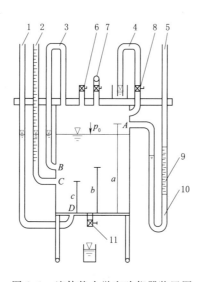

图 2.1　流体静力学实验仪器装置图

1—测压管；2—带标尺的测压管；3—连通管；4—真空测压管；5—U 形管；6—通气阀；

7—加压打气球；8—截止阀；9—油柱；10—水柱；11—减压放水阀

说明：所有标高都以过零刻度的水平面为基准面。

仪器铭牌所注 ∇B、∇C、∇D 为测点 B、C、D 标高；若同时取标尺零点作为静力学基本方程的基准，则 $\nabla B = Z_B$；$\nabla C = Z_C$；$\nabla D = Z_D$。

2.1.3 实验原理

重力作用下静水力学基本方程：

$$z + \frac{p}{\gamma} = \text{const（常数）}$$

$$p = p_0 + \gamma h$$

式中　z——被测点在基准面以上的位置高度；

　　　p——被测点的静水压强；

　　　γ——液体的容重；

　　　h——被测点的液体深度。

对于有水有油（图2.2、图2.3）的U形测压管，应用等压面可得油的比重有下列关系：

$$S_0 = \frac{\gamma_0}{\gamma_w} = \frac{h_1}{h_1 + h_2}$$

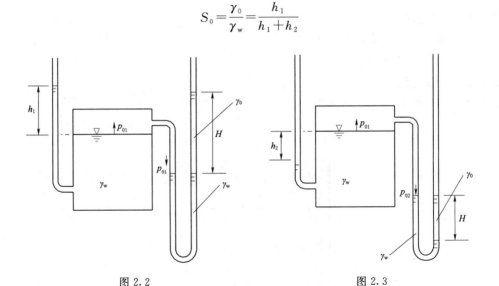

图 2.2　　　　　　　　　　　　　图 2.3

以此仪器（不另用尺）直接测得 S_0。

2.1.4 实验方法与步骤

1. 了解仪器组成及其用法

（1）各阀门的开关。

（2）加压方法：关闭所有阀门，然后用打气球充气。

（3）减压方法：开启减压放水阀11放水；检查仪器是否密封；加压后观察测压管1、测压管2、测压管5液面高度是否恒定。若不稳定，则表明漏气，需查明原因并加以处理。

2. 记录仪器号及各项常数

3. 量测点静压强（用厘米水柱表示）

（1）打开通气阀6（此时 $p_0 = 0$），记录水箱液面标高∇₀和测压管2液面标高

∇_H（此时$\nabla_0 = \nabla_H$）。

（2）关闭通气阀6及截止阀8，加压使之形成$p_0 > 0$，测量∇_0及∇_H（取不同数值，重复实验三次）。

（3）打开减压放水阀11，使之形成$p_0 < 0$，测量记录∇_0及∇_H（取不同数值，重复实验三次）。

4. 测油的比重S_0

（1）开启通气阀6，测量记录∇_0。

（2）关闭通气阀6，打气加压（$p_0 > 0$），微调放气螺栓使U形管中水面与油水交界面齐平，测量记录∇_0及∇_H（此过程反复进行三次）。

（3）打开通气阀6，待液面稳定后，关闭所有阀门；然后开启减压放水阀11降压（$p_0 < 0$），使U形管的水面与油面齐平，测量记录∇_0及∇_H（此过程反复进行三次）。

2.1.5　实验成果及要求

实验台号 No. ＿＿＿＿＿＿＿　　　　　　　实验日期：＿＿＿＿＿＿＿

1. 记录有关常数

各测点的标尺读数为

$\nabla_B = $ ＿＿＿＿＿＿　　$\nabla_C = $ ＿＿＿＿＿＿　　$\nabla_D = $ ＿＿＿＿＿＿　　$\gamma_w = $ ＿＿＿＿＿＿

2. 计算表2.1

根据数据表分别求出各次测量时A、B、C、D点的压强，并选择一基准验证静水压强基本方程式。

表2.1　　　　　　　　　　　　**静压强测量记录及计算**　　　　　　　单位：cm

实验条件	次序	水箱液面 ∇_0	测压管液面 ∇_H	压 强 水 头				测压管水头	
				$\dfrac{p_A}{\gamma} = \nabla_H - \nabla_0$	$\dfrac{p_B}{\gamma} = \nabla_H - \nabla_B$	$\dfrac{p_C}{\gamma} = \nabla_H - \nabla_C$	$\dfrac{p_D}{\gamma} = \nabla_H - \nabla_D$	$z_C + \dfrac{p_C}{\gamma}$	$z_D + \dfrac{p_D}{\gamma}$
$p_0 = 0$	1								
$p_0 > 0$	1								
	2								
	3								
$p_0 < 0$（其中一次$p_B < 0$）	1								
	2								
	3								

注　表中基准面选在＿＿＿＿＿＿，　$z_C = $ ＿＿＿＿＿ cm；$z_D = $ ＿＿＿＿＿ cm。

3. 计算表2.2

求出油的密度。

表 2.2　　　　　　　　　　　　　油的密度测定记录及计算表

条件	次序	水箱液面 ∇_0 /10^{-2} m	测压管 2 液面 ∇_H /10^{-2} m	$h_1=\nabla_H-\nabla_0$ /10^{-2} m	$\bar{h}_1$ /10^{-2} m	$h_2=\nabla_0-\nabla_H$ /10^{-2} m	$\bar{h}_2$ /10^{-2} m	$S_0=\dfrac{\rho_0}{\rho_w}=\dfrac{\bar{h}_1}{\bar{h}_1+\bar{h}_2}$
$p_0>0$，且 U 形管中水面与油水交界面齐平	1							
	2							
	3							$S_0=$
$p_0<0$，且 U 形管中水面与油面齐平	1							$\rho_0=$
	2							
	3							

2.2　实验 2　平面上的静水总压力

2.2.1　实验目的

（1）测定矩形平面上的静水总压力。

（2）验证静水压力理论的正确性。

2.2.2　实验装置

本实验采用电测平面静水总压力实验仪。该仪器的调平容易，测读便捷，实验省时，荷载灵敏度为 $0.2g$，系统精度可达 1% 左右。

1. 实验装置简图

实验装置图如图 2.4 所示。

2. 装置说明

（1）扇形体 3 的受力状况。扇形体 3 由两个同心的大小圆柱曲面、两个扇形平面和一个矩形平面组成。悬挂扇形体的杠杆 1 的支点转轴位于扇形体同心圆的圆心轴上。由于静水压强垂直于作用面，因此扇形体大小圆柱曲面上各点处的静水压力线均通过支点轴；而两个扇形平面所受的水压力大小相等、作用点相同、方向相反。这表明无论水位高低，以上各面上的静水压力，对杠杆均不产生作用。

扇形体上唯一能使杠杆平衡起作用的静水作用面是矩形平面。

（2）测力机构，如图 2.5 所示。测力机构由系在杠杆右端螺丝上的挂重线、压重体和电子秤组成。由于压重体的重量较大，所以即使在扇形体完全离水时，也不会将挂重体吊离电子秤。一旦扇形体浸水，在静水压力作用下，通过杠杆效应，使挂重线上的预应力减小，并释放到电子秤上，使电子秤上的质量力增加。由此，根据电子秤的读值及杠杆的力臂关系，便可测量矩形平面的静水总压力。

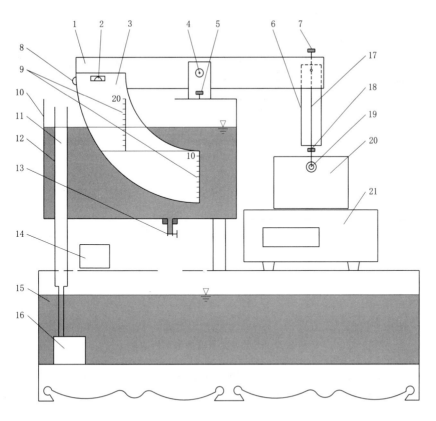

图 2.4　电测平面静水总压力实验装置图

1—杠杆；2—轴向水准泡；3—扇形体；4—支点；5—横向水平调节螺丝；6—垂尺（老款式）；
7—杠杆水平微调螺丝；8—横向水准泡；9—水位尺；10—上水箱；11—前溢水管；
12—后供水管；13—上水箱放水阀；14—开关盒；15—下水箱；16—水泵；
17—挂重线；18—锁紧螺丝；19—杠杆水平粗调旋钮；20—压重体；21—电子秤

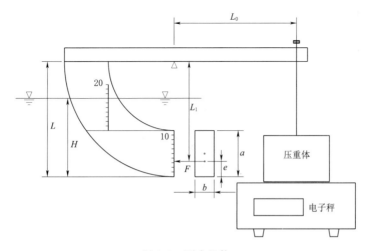

图 2.5　测力机构

2.2.3　实验原理

1. 静止液体作用在任意平面上的总压力

静水总压力求解，包括大小、方向和作用点。图 2.6 中 MN 是与水平面形成 θ 角的一斜置任意平面内的投影线。右侧承受水的作用，受压面面积为 A。C 代表受压平面的形心，F 代表平面上静水总压力，D 代表静水总压力的作用点。

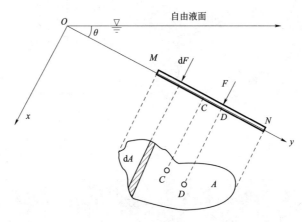

图 2.6　任意平面上的静水总压力

作用在任意方位，任意形状平面上的静水总压力 F 的大小等于受压面面积与其形心点 C 所受静水压强的乘积，即

$$F = \int_A \mathrm{d}F = p_c A$$

总压力的方向是沿着受压面的内法线方向。

2. 矩形平面上的静水总压力

设一矩形平面倾斜置于水中，如图 2.7 所示。矩形平面顶离水面高度为 h，底离水面高度为 H，且矩形宽度为 b，高度为 a。

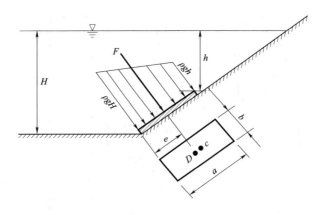

图 2.7　矩形斜平面的静水总压力

（1）总压力大小 F 为

$$F = \frac{1}{2}\rho g(h+H)ab$$

合力作用点距底的距离 e 为

$$e = \frac{a}{3} \cdot \frac{2h+H}{h+H}$$

（2）若压强为三角形分布，则 $h=0$，总压力大小为

$$F = \frac{1}{2}\rho g Hab$$

合力作用点距底的距离为

$$e = \frac{a}{3}$$

（3）若作用面是铅垂放置的，如图 2.8 所示，可令

$$h = \begin{cases} 0 & (H < a) \\ H-a & (H \geqslant a) \end{cases}$$

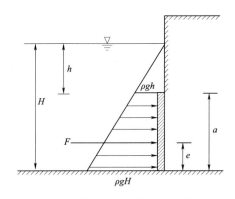

图 2.8　铅直平面上的静水总压力

即压强为梯形分布或三角形分布，其总压力大小均可表示为

$$F = \frac{1}{2}\rho g(H^2 - h^2)b$$

合力作用点距底距离也均可表示为

$$e = \frac{H-h}{3} \cdot \frac{2h+H}{h+H}$$

2.2.4　实验方法与步骤

（1）熟悉实验设备。

（2）上水箱水位的调节通过打开水泵 16 供水，或打开上水箱放水阀 13 放水来实现。

（3）杠杆的轴向水平标准是横向水准泡 8 居中。由杠杆水平粗调旋钮 19（收、放挂重线长度）进行粗调，调节前需松开锁紧螺丝 18，调节后需拧紧。

（4）水平微调采用杠杆水平微调螺丝 7 调节。

（5）横向水平标准是横向水准泡 8 居中，调节横向水平调节螺丝 5 即可。

（6）挂重线 17 的垂直度调整，对于老款式仪器可用带镜面的垂尺 6 校验。移动压重体位置使挂重线与垂尺中的垂线重合（新款仪器无需调节，自动保持垂直度）。

（7）用水位尺 9 测量水位，用电子秤测量质量力。需在上水箱加水前将杠杆的轴向与横向调平，并在调平后将电子秤的皮重清零，若不能清零，可开关电子秤电源，电子秤可自动清零。

（8）实验要求。

1）实验测量扇形体垂直矩形平面上的静水总压力大小，其作用点位置可由理论公式计算确定。力与力臂关系如图 2.5 所示。

2）要求分别在压强三角形分布和梯形分布条件下，不同水位各测量 2～3 次。测量方法参照基本操作方法，每次测读前均需检查调节水平度。

3）实验结束，放空上水箱，调平仪器，检查电子秤是否回零。一般回零残值为 1～2g，若过大，应检查原因并重新测量。

4）实验数据处理与分析参考 2.2.5。

2.2

2.2.5 数据处理及成果要求

1. 记录有关信息及实验常数

实验设备名称：＿＿＿＿＿＿＿＿＿＿＿＿＿＿

实验台号 No.＿＿＿＿＿＿＿＿＿＿＿＿＿＿

实验者：＿＿＿＿＿＿＿＿＿＿＿＿＿＿＿

实验日期：＿＿＿＿＿＿＿＿＿＿＿＿＿＿

杠杆臂距离 $L_0=$ ＿＿＿＿$\times 10^{-2}$ m

扇形体垂直距离（扇形半径）$L=$＿＿＿＿$\times 10^{-2}$ m

扇形体宽 $b=$＿＿＿＿$\times 10^{-2}$ m

矩形端面高 $a=$＿＿＿＿$\times 10^{-2}$ m

$\rho=1.0\times 10^3$ kg/m³

2. 记录实验数据并计算

记录实验数据，填写表 2.3；计算结果，填写表 2.4。

表 2.3   测 量 记 录 表 格

压强分布形式	实验序次	水位读数 $H/\times 10^{-2}$ m	水位读数/$\times 10^{-2}$ m $h=\begin{cases}0 & (H<a)\\ H-a & (H\geqslant a)\end{cases}$	电子秤读数 $m/\times 10^{-3}$ kg
三角形分布	1			
	2			
	3			
梯形分布	4			
	5			
	6			

表 2.4 　　　　　　　　　　　**实 验 结 果 表 格**

压强分布形式	实验序次	作用点距底距离 $/\times 10^{-2} \text{m}$ $e=\dfrac{H-h}{3} \cdot \dfrac{2h+H}{h+H}$	作用力距支点垂直距离 $/\times 10^{-2} \text{m}$ $L_1=L-e$	实测力矩 $/(\times 10^{-2}\text{N}\cdot\text{m})$ $M_0=mgL_0$	实测静水总压力/N $F_{实测}=\dfrac{M_0}{L_1}$	理论静水总压力/N $F_{理论}=\dfrac{1}{2}\rho g(H^2-h^2)b$	相对误差 $\varepsilon=\dfrac{F_{实测}-F_{理论}}{F_{理论}}$
三角形分布	1						
	2						
	3						
梯形分布	4						
	5						
	6						

3. 成果要求

由表 2.2 结果可知，实验值与理论值比较，最大误差不超过 2%，验证了平面静水总压力计算理论的正确性。

本实验欠缺之处是总压力作用点的位置是由理论计算确定的，而不是由实验测定的。

若要求通过实验确定作用点的位置，则必须重新设计实验仪器及实验方案。设计方案如下：设现实验仪器为仪器 A，新设计仪器为仪器 B。A、B 两套实验仪器除扇形半径不同外，其余尺寸均完全相同。例如，仪器 A 的 $L_A=0.25\text{m}$，仪器 B 的 $L_B=0.15\text{m}$。用 A、B 两套实验仪器分别进行对比实验，每组对比实验的矩形平面作用水位相等，则矩形体的静水总压力 F 和合力作用点距底距离 e 对应相等。此时再分别测定电子秤读值 m_A、m_B。由下列杠杆方程即可确定 F 和 e：

$$\begin{cases}(L_A-e)F=m_AgL_0\\(L_B-e)F=m_BgL_0\end{cases}$$

或

$$\begin{cases}e=\dfrac{L_A-kL_B}{1-k}\\F=\dfrac{m_AgL_0}{L_A-e}\end{cases}$$

其中 $k=\dfrac{m_A}{m_B}$。

值得注意的是，该实验对 m 的测量精度要求很高，否则 e 的误差比较大。

2.2.6　分析思考题

（1）试问作用在液面下平面图形上绝对压强的压力中心和相对压强的压力中心哪个在液面下更深的地方？为什么？

（2）分析产生测量误差的原因，指出在实验仪器的设计、制作和使用中哪些问题是最关键的。

2.2.7 注意事项

（1）每次改变水位，均需微调螺丝 7，使水准泡居中后，方可测读。

（2）实验过程中，电子秤和压重体必须放置在对应的固定位置上，以免影响挂重线的垂直度。

2.3 实验 3 恒定总流能量方程实验

2.3.1 实验目的要求

（1）验证水恒定总流的能量方程。

（2）通过对动水力学诸多水力现象的分析讨论，进一步掌握有压管流中动水力学的能量转换特性。

（3）掌握流速、流量、压强等动水力学水力要素的实验量测技能。

2.3.2 实验装置

本实验的装置如图 2.9 所示。

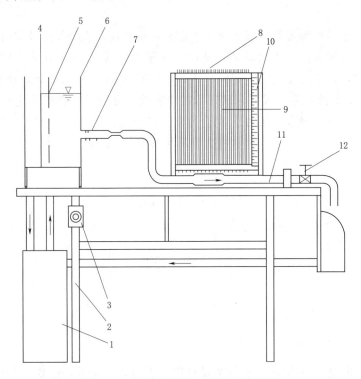

图 2.9 自循环伯诺里方程实验装置图

1—自循环供水器；2—实验台；3—可控硅无级调速器；4—溢流板；5—稳水孔板；6—恒压水箱；

7—实验管道；8—固定架；9—测压管；10—滑动测量尺；11—实验桌面；12—实验流量调节阀

说明：

本仪器测压管有两种：

（1）毕托管测压管（表 2.5 中标有 * 的测压管），用以定性测读总水头。

（2）普通测压管（表 2.5 中未标 * 者），用以定量测量测压管水头。

表 2.5　　　　　　　　　　　管 径 记 录 表

测点编号	1*	2 3	4	5	6* 7	8* 9	10 11	12* 13	14* 15	16* 17	18* 19
管径/cm											
间距/cm											

实验流量用调节阀 12 调节，流量由重量时间法量测（以后实验类同）。

2.3.3　实验原理

本实验原理为能量方程：

$$z_1 + \frac{p_1}{\gamma} + \frac{\alpha_1 v_1^2}{2g} = z_i + \frac{p_i}{\gamma} + \frac{\alpha_i v_i^2}{2g} + hw_{1-i}$$

2.3.4　实验方法与步骤

（1）熟悉实验设备，区分毕托管与普通测压管并了解其功能。

（2）打开供水开关，使水箱充水至溢流，检查调节阀关闭后所有测压管水面是否齐平；如不平，检查故障原因并加以排除，直至调平。

（3）打开实验流量调节阀 12，观察思考：

1）测压管水头线和总水头线的变化趋势。

2）位置水头、压强水头之间的相互关系。

3）测点 2、测点 3 测管水头是否相同？为什么？

4）测点 12、测点 13 测管水头是否不同？为什么？

5）当流量增加或减少时测管水头如何变化？

（4）调节实验流量调节阀 12 开度，待流量稳定后，测记各测压管液面读数，同时测记实验流量（毕托管供演示用，不必测记）。

（5）改变流量 2 次（从大到小），重复上述测量。其中一次阀门开度需使 19 号测管液面接近标尺零点。

2.3.5　实验成果及要求

实验台号 No. ＿＿＿＿＿＿＿＿　　　　　　　实验日期：＿＿＿＿＿＿＿

1. 测记有关常数

均匀段 $D_1 =$ ＿＿＿＿＿ cm　缩管段 $D_2 =$ ＿＿＿＿＿ cm　扩管段 $D_3 =$ ＿＿＿＿＿ cm

水箱液面高程 $\nabla_0 =$ ＿＿＿＿＿ cm　上管道轴线高程 $\nabla_{上管道} =$ ＿＿＿＿＿ cm

2. 量测 $Z+\dfrac{p}{\gamma}$ 并记入表 2.6

表 2.6　　测记 $Z+\dfrac{p}{\gamma}$ 数值表（基准面选在标尺的零点上）　　实验日期：

测点编号	2	3	4	5	7	9	10	11	13	15	17	19	$Q/(\mathrm{cm^3/s})$
实验次数 1													
2													
3													

3. 计算表 2.7 流速水头和表 2.8 总水头

表 2.7　　流速水头能量方程实验计算数值表

管径 d /cm	$Q_1=$ cm³/s			$Q_2=$ cm³/s			$Q_3=$ cm³/s		
	A /cm³	V /(cm/s)	$\dfrac{v^2}{2g}$ /cm	A /cm³	V /(cm/s)	$\dfrac{v^2}{2g}$ /cm	A /cm³	V /(cm/s)	$\dfrac{v^2}{2g}$ /cm

表 2.8　　总水头 $\left(Z+\dfrac{p}{\gamma}+\dfrac{\alpha v^2}{2g}\right)$ 能量方程实验计算数值表

测点编号	2 3	4	5	7	9	10	11	13	15	17	19	$Q/(\mathrm{cm^3/s})$
实验次数 1												
2												
3												

4. 绘制上述成果中最大流量下的总水头线和测压管水头线（可自选比例绘制）

2.3.6　成果分析及讨论

(1) 根据实验分析测压管水头线和总水头线的变化趋势有何不同？为什么？

(2) 根据本实验研究分析，测压管水头线有何变化？为什么？

(3) 测点 2、测点 3 和测点 10、测点 11 的测压管读数分别说明了什么问题？

(4) 由毕托管测量显示的总水头线与实测绘制的总水头线一般都有差异，分析其原因。

2.4　实验 4　文丘里流量计实验

2.4.1　实验目的

(1) 测定文丘里流量系数。

(2) 通过实验掌握文丘里流量计的水力特性。

2.4.2　实验装置

本实验的装置如图 2.10 所示。

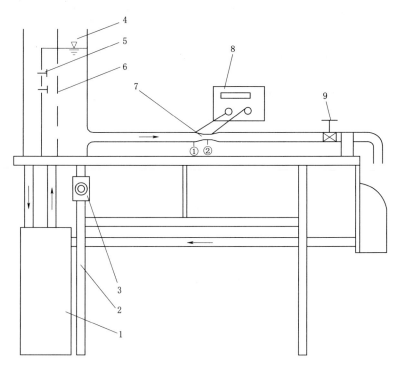

图 2.10　文丘里流量计实验装置图

1—自循环供水器；2—实验台；3—可控硅无级调速器；4—恒压水箱；5—溢流板；
6—稳水孔板；7—文丘里实验管段（文氏管）；8—测压计；9—实验流量调节阀

2.4.3　实验原理

根据能量方程和连续性方程，可得不计阻力时的文氏管过水能力关系式：

$$Q' = \frac{\frac{\pi}{4}d_1^2}{\sqrt{\left(\frac{d_1}{d_2}\right)^4 - 1}} \sqrt{2g\left[\left(Z_1 + \frac{p_1}{\gamma}\right) - \left(Z_2 + \frac{p_2}{\gamma}\right)\right]} = K\sqrt{\Delta h}$$

$$K = \frac{\pi}{4}d_1^2\sqrt{2g} \Big/ \sqrt{(d_1/d_2)^4 - 1}$$

式中　Δh——两断面测压管水头差。

由于阻力的存在，实际通过的流量 Q 恒小于 Q'，引入一系数（文丘里流量系数 μ），则有：

$$Q = \mu Q' = \mu K\sqrt{\Delta h}$$

其中，$\Delta h = \nabla_1 - \nabla_2 + \nabla_3 - \nabla_4$。

2.4.4　实验方法与步骤

（1）测量记录各有关常数。

（2）打开电源开关，全开管尾实验流量调节阀 9，排出管道内气体后再全关阀 9。

（3）拧开电位仪上的两个气旋钮至溢水后关闭并拧紧。

（4）拧开比压计顶部的两个气旋钮，待 1、4 测压管水位齐平，以及 2、3 U 形管水位齐平后，关闭并拧紧两个气旋钮。电测仪调零。

（5）全开实验流量调节阀 9 待水流稳定后，读取电测仪读数（若有波动取平均值），并把测量值记入表格内。

（6）逐次关小阀门，改变流量 6 次，重复步骤（4），注意缓慢调节阀门。

（7）实验结束全关实验流量调节阀 9，观察电测仪是否归零。不归零重新实验。

2.4.5　实验成果及要求

实验台号 No. _____　　　　　　　实验日期：_____

1. 有关常数

$d_1 = $ _____ cm　$d_2 = $ _____ cm

2. 记录数据并计算

记录数据填入表 2.9；将计算结果填入 2.10。

表 2.9　　　　　　　　　　　　测 量 记 录 表

测次	文氏管测管液面高程读数				测压管高差
	∇_1 /cm	∇_2 /cm	∇_3 /cm	∇_4 /cm	$\Delta h = \nabla_1 - \nabla_2 + \nabla_3 - \nabla_4$ /cm
1					
2					
3					
4					
5					
6					

表 2.10　　　　　　　　文丘里流量系数计算表 $K = $ 　　cm$^{2.5}$/s

次数	电测仪读数（单位：　　）	Q /(cm^3/s)	$Q' = K\sqrt{\Delta h}$ /(cm^3/s)	$\mu = \dfrac{Q}{Q'}$
1				
2				
3				
4				
5				
6				

3. 绘制 Q-Δh 图

2.4.6　实验分析与讨论

（1）本实验中，影响文丘里管流量系数大小的因素有哪些？哪个因素最敏感？

（2）为什么计算流量 Q' 与理论流量 Q 不相等？

2.5 实验5 动量方程实验

2.5.1 实验目的
（1）验证水恒定总流的动量方程。
（2）测定动量修正系数。

2.5.2 实验装置

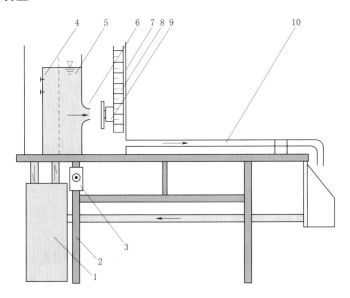

图 2.11 动量方程实验装置图

1—自循环供水器；2—实验台；3—可控硅无级调速器；4—水位调节阀；5—恒压水箱；6—管嘴；
7—集水箱；8—带活塞的测压管；9—带活塞和翼片的抗冲平板；10—上回水管

2.5.3 实验内容与原理

1. 测量活塞中心点的静水压强来计算水流的冲力

利用自动反馈原理，使实验过程中达到需要测量的静水作用力与射流的冲击力自动平衡。射流冲击在平板上的冲力全部作用在活塞体中，当活塞处于稳定位置时，只需测得活塞所受到的静水作用力，便可足够精确地得知射流的冲击力。

2. 恒定总流动量方程为

$$\vec{F} = \rho Q(\beta_2 \vec{v}_2 - \beta_1 \vec{v}_1)$$

取隔离体如图 2.12、图 2.13 所示，因滑动摩擦阻力水平分力 $f_x < 0.5\% F_x$，可忽略不计，故 x 方向的动量方程化为

$$F_x = -p_c A = -\gamma h_c \frac{\pi}{4} D^2 = \rho Q(0 - \beta_1 v_{1x})$$

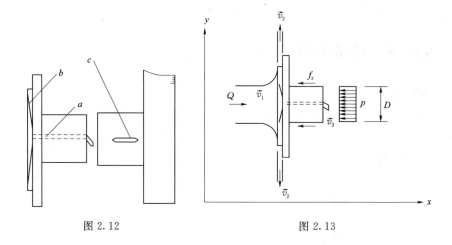

图 2.12　　　　　　　　　　　　　　　图 2.13

即

$$\beta_1 \rho Q v_{1x} - \frac{\pi}{4} \gamma h_c D^2 = 0$$

式中　　h_c——作用在活塞形心处的水深；

　　　　D——活塞直径；

　　　　Q——射流流量；

　　　　v_{1x}——射流速度；

　　　　β_1——动量修正系数。

实验中，在平衡状态下，只要测得流量 Q 和活塞形心水深 h_c，将给定的管嘴直径 d 和活塞直径 D 代入上式，便可率定射流的动量修正系数 β_1 值，并验证动量定律。其中，测压管的标尺零点已固定在活塞的圆心处，因此液面标尺读数即为作用在活塞圆心处的水深。

3. 测定本实验装置的灵敏度

为验证本装置的灵敏度，只要在实验中的恒定流受力平衡状态下，人为地增、减测压管中的液位高度，可发现即使改变量不足总液柱高度的 5‰（约 0.5~1mm），活塞在旋转下也能有效地克服动摩擦力而作轴向位移，开大或减小窄槽 c，使过高的水位降低或过低的水位提高，恢复到原来的平衡状态。这表明该装置的灵敏度高达 0.5‰，也即活塞轴向动摩擦力不足总动量力的 5‰。

2.5.4　实验方法与步骤

（1）准备。熟悉实验装置各部分名称、结构特征、作用性能，记录有关常数。

（2）开启水泵。打开调速器开关，水泵启动 2~3min 后，关闭 2~3s，以利用回水排除离心泵内滞留的空气。

（3）调整测压管位置。待恒定水箱满顶溢流后，松开测压管固定螺丝，调整方位，要求测压管垂直、螺丝对准十字中心，使活塞转动松快，然后旋转螺丝固定好。

（4）测读水位。标尺的零点已固定在活塞圆心的高程上。当测压管内液面稳定后，记下测压管内液面的标尺读数，即 h_c 值。

（5）测量流量。用电测仪器测量时，需在仪器量程范围内。重复测三次再取平均值。

（6）改变水头重复实验。逐次打开不同高度上的溢水孔盖，改变管嘴的作用水头。调节调速器，使溢流量适中，待水头稳定后，按步骤（3）～步骤（5）重复进行实验。

2.5.5 实验成果及要求

实验台号 No. _____ 实验日期：_____

1. 有关常数

管嘴内径 $d=$ ___1.198___ cm 活塞直径 $D=$ ___1.990___ cm

2.5

2. 记录数据并计算

记录实验参数并计算，将结果填入表 2.11。

表 2.11   测 量 记 录 及 计 算 表

测次	电测仪读数（单位： ）	管嘴作用水头 H_0/cm	活塞作用水头 h_c/cm	流量 Q/(cm³/s)	流速 v/(cm/s)	动量力 F/N	动量修正系数 β_1
1							
2							
3							
4							
5							

3. 取某一流量，绘出隔离体图，阐明分析计算的过程（参见图 2.12 和图 2.13 及表 2.11）。

2.6 实验6 雷诺实验

2.6.1 实验目的要求

（1）观察层流、紊流的流态及转换特征。

（2）测定临界雷诺数，掌握圆管流态判别准则。

2.6.2 实验装置

本实验装置如图 2.14 所示。

2.6.3 实验原理

本实验原理方程：

$$Re=\frac{Vd}{\nu}=\frac{4Q}{\pi d\nu}=KQ \quad K=\frac{4}{\pi d\nu}$$

2.6.4 实验方法和步骤

1. 测量记录本实验的有关常数

2. 观察两种流态

打开可控硅无级调速器 3 使水箱充水至溢流，经稳定后，微微开启实验流量调节

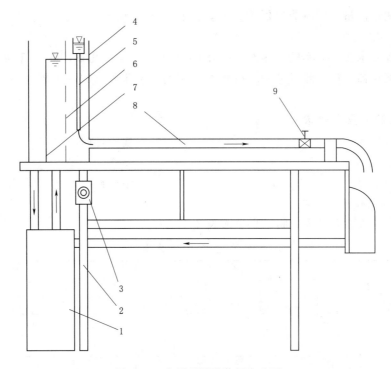

图 2.14 自循环雷诺装置实验图

1—自循环供水器；2—实验台；3—可控硅无级调速器；4—恒压水箱；5—有色水管；
6—稳水孔板；7—溢流板；8—实验管道；9—实验流量调节阀

阀 9，并注入颜色水于实验管道中，使颜色水流成一条直线。通过颜色水质点的运动观察管内水流的层流流态，然后逐步开大调节阀，通过颜色水直线的变化观察层流转变到紊流的水力特征，待管中出现完全紊流后，再逐步关小调节阀，观察由紊流转变为层流的水力特征。

3. 测定下临界雷诺数

（1）将调节阀打开，使管中出现完全紊流，再逐渐关小调节阀使流量减小。当流量调节到颜色水在管中刚呈现出一条稳定直线时，即为下临界状态。

（2）在该状态稳定后，用重量量测法测定流量。

（3）根据实测流量计算下临界雷诺数，并与公认值（2320）比较，若偏离过大需重测。

（4）重新打开调节阀，使之形成紊流，按照上述步骤再重复测量 2 次。

4. 实验中注意事项

（1）测量记录水箱水温。

（2）每调节一次阀门需稳定几分钟。

（3）在关小阀门的过程中，只许渐小，不许开大。

5. 测定上临界雷诺数

逐渐开启调节阀门，使管中水流由层流过渡到紊流，当颜色水刚开始散开的时候，即为上临界状态，测定一次。

2.6.5 实验成果及要求

实验台号 No. _____   实验日期：_____

1. 有关常数

管径 $d=$ _____ cm   水温 $t=$ _____ ℃

运动黏滞度 $\nu=\dfrac{0.01775}{1+0.0337t+0.00022t^2}=$ _____ cm²/s

计算常数 $K=$ _____ s/cm³

2. 记录数据并计算

记录实验参数并计算，将结果填入表 2.12。

表 2.12   测 量 记 录 及 计 算 表

实验次序	颜色水形态	流量 Q /(cm³/s)	雷诺数 Re	阀门开度增（↑） 或减（↓）	备注
1					下临界
2					下临界
3					下临界
4					上临界

注 颜色水形态可描述为：稳定直线，弯曲断线，完全散开。

2.6.6 实验分析与讨论

为何认为上临界雷诺数无实际意义，而采用下临界雷诺数作为层流与紊流的判断依据？实测下临界雷诺数是多少？

2.7 实验 7 沿程水头损失实验

2.7.1 实验目的要求

（1）加深了解圆管层流和紊流的沿程水头损失随断面平均流速变化的规律。

（2）掌握管道沿程阻力系数的量测技术和应用气-水压差计及电测仪测量压差的方法。

2.7.2 实验装置

本实验的装置如图 2.15 所示。

本实验装置配有：

（1）自动水泵与稳压器。由离心泵、自动压力开关、气-水压力罐式稳压器组成。自动水泵在压力过大时会停止工作。

（2）旁通管与旁通阀。由于水泵的特性，本实验设有分流装置旁通管及旁通阀，用以调节水压及流量，旁通阀是本实验重要的阀门之一。

（3）稳压筒。为简化排气并防止实验中再进气而设置。使用前检查内部水位是否高于 1/2，否则将筒倒置充水。

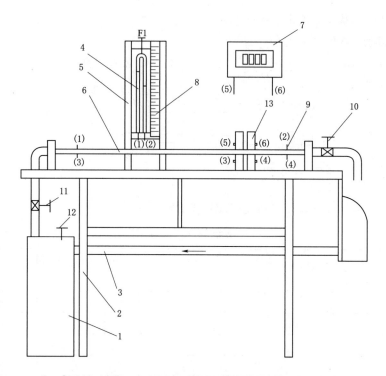

图 2.15 沿程水头损失实验装置图

1—自循环高压恒定全自动供水器；2—实验台；3—回水管；4—水压差计；
5—测压计；6—实验管道；7—电子测压仪；8—侧滑动测量；9—测压点；
10—实验流量调节阀；11—供水阀；12—旁通阀；13—稳压筒

2.7.3 实验原理

由达西公式
$$h_f = \lambda \frac{l}{d} \cdot \frac{v^2}{2g}$$

得
$$\lambda = \frac{2gdh_f}{l} \cdot \frac{1}{v^2} = \frac{2gdh_f}{l}\left(\frac{\pi}{4}d^2/Q\right)^2 = K\frac{h_f}{Q^2}$$

$$K = \frac{\pi^2 g d^5}{8l}$$

另由能量方程对水平等直径圆管可得

$$h_f = \frac{p_1 - p_2}{\gamma} = \Delta h$$

2.7.4 实验方法与步骤

1. 实验装置进行排气

（1）对照装置图和说明搞清各组成部件的名称、作用及其工作原理；检查水箱水位是否够高及旁通阀 12 是否已关闭。否则予以补水并关闭旁通阀；记录有关实验常数（工作管内径及实验管道长可查看水箱铭牌）。

（2）接通电源启动水泵，全开供水阀 11，全关旁通阀 12，打开实验流量调节阀 10，反复开关实验流量调节阀几次，排出实验管道中的气体。

（3）关闭实验流量调节阀 10，将旁通阀半开，旋开电位仪上两排气旋钮，待溢水后再关闭旋紧。然后全开旁通阀，电测仪调零。

2. 实验量测

（1）逐次开大实验流量调节阀 10，每次调节流量时需稳定 2～3min，流量越小稳定时间越长。先记录压差及水温，再测流量，测流时间不小于 8s；

（2）压差在 1～3cm 时，测量 2 组数据；而后压差以 10cm 左右递增，量测 5 组；以 20cm 左右递增，量测 4 组；以 30cm 左右递增，量测 3 组。

（3）实验结束时，全关实验流量调节阀 10，检查电测仪是否归零；否则，需重新实验。

2.7.5　实验成果及要求

实验台号 No. ＿＿＿＿＿＿　　　　　　实验日期：＿＿＿＿＿＿

1. 有关常数

圆管直径 $d=$ ＿＿＿＿ cm　　　量测段长度 $l=$ ＿＿＿＿ cm

2. 记录数据并计算

记录实验数据并计算，将结果填入表 2.13。

表 2.13　　　　　沿程水头损失记录及计算表格　　　常数 $K=$　　 cm^5/s^2

测次	体积 /cm³	时间 /s	流量 Q /(cm³/s)	流速 v /(cm/s)	水温 /℃	黏度 ν /(cm²/s)	雷诺数 Re	测压计读数 Δh /cm	沿程水头损失 h_f /cm	沿程水头损失系数 λ	$Re<2320$ $\lambda=\frac{64}{Re}$
1											
2											
3											
4											
5											
6											
7											
8											
9											
10											
11											
12											
13											
14											

3. 绘图分析

根据测量结果绘制 $\lg v - \lg h_f$ 曲线，并确定指数 m 的大小。在厘米纸上绘制。

2.7.6　实验分析与讨论

如何测得管道的当量粗糙度？

2.8 实验 8 局部阻力实验

2.8.1 实验目的

（1）掌握三点法、四点法量测局部损失及测算局部阻力系数的方法技能。

（2）通过对圆管突然扩大局部阻力系数的包达公式和突然缩小局部阻力系数的经验公式的实验验证与分析。

2.8.2 实验装置

本实验装置如图 2.16 所示。

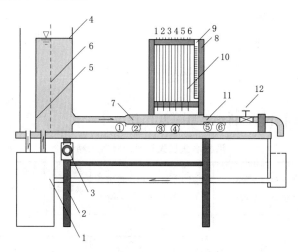

图 2.16 局部阻力实验装置图

1—自循环供水器；2—实验台；3—可控硅无级调速器；4—恒位水箱；5—溢流板；
6—稳水孔板；7—突然扩大实验管段；8—测压计；9—滑动测量尺；
10—测压管；11—突然收缩实验管段；12—流量调节阀

实验管道由小、大、小三种已知管径的管道组成，共设有 6 个测压孔，测孔①～测孔③和测孔④～测孔⑥分别测量突扩和突缩的局部阻力系数。其中测孔①位于突扩界面处，用以测量小管出口压强值。

2.8.3 实验原理

列出局部阻力前后两断面的能量方程，根据推导条件，减除沿程水头损失可得如下结果。

1. 突然扩大

采用三点法计算，下式中 h_{f1-2} 由 h_{f2-3} 按流长比例换算得出。

$$h_{jk} = \left[\left(Z_1 + \frac{p_1}{\gamma}\right) + \frac{\alpha v_1^2}{2g}\right] - \left[\left(Z_2 + \frac{p_2}{\gamma}\right) + \frac{\alpha v_2^2}{2g} + h_{f1-2}\right]$$

实测

$$\xi_k = h_{jk} \left/ \frac{\alpha v_1^2}{2g}\right.$$

$$\xi'_k = \left(1 - \frac{A_1}{A_2}\right)^2$$

理论　　　　　　　　$$h'_{jk} = \xi'_k \frac{\alpha v_1^2}{2g}$$

2. 突然缩小

采用四点法计算，下式中 B 点为突缩点，$h_{f4\text{-}B}$ 由 $h_{f3\text{-}4}$ 换算得出，$h_{fB\text{-}5}$ 由 $h_{f5\text{-}6}$ 换算得出。

$$h_{js} = \left[\left(Z_4 + \frac{p_4}{\gamma}\right) + \frac{\alpha v_4^2}{2g} - h_{f4\text{-}B}\right] - \left[\left(Z_5 + \frac{p_5}{\gamma}\right) + \frac{\alpha v_5^2}{2g} + h_{fB\text{-}5}\right]$$

实测　　　　　　　　$$\xi = h_{js} \left/ \frac{\alpha v_5^2}{2g}\right.$$

经验　　　　　　　　$$\xi'_s = 0.5\left(1 - \frac{A_5}{A_3}\right)$$

$$h'_{js} = \xi'_s \frac{\alpha v_5^2}{2g}$$

2.8.4　实验方法与步骤

（1）测量记录实验有关常数。

（2）打开电子调速器开关，使恒压水箱充水，排除实验管道中的滞留气体。待水箱溢流后，检查泄水阀全关时，各测压管液面是否齐平，若不平，则需排气调平。

（3）打开泄水阀至最大开度，待流量稳定后，测量记录测压管读数，同时用体积法或电测法测量记录流量。

（4）改变泄水阀开度 3～4 次，分别测量记录测压管读数及流量。

（5）实验完成后，关闭泄水阀，检查测压管液面是否齐平；否则，需重做实验。

2.8.5　实验成果及要求

1. 有关常数

实验台号 No. _____

2.8

$d_1 = D_1 =$ _____ cm　　$d_2 = d_3 = d_4 = D_2 =$ _____ cm

$d_5 = d_6 = D_3 =$ _____ cm　$l_{1\text{-}2} =$ _____ cm　$l_{2\text{-}3} =$ _____ cm

$l_{3\text{-}4} =$ _____ cm　$l_{4\text{-}B} =$ _____ cm　$l_{B\text{-}5} =$ _____ cm　$l_{5\text{-}6} =$ _____ cm

$\xi'_k = \left(1 - \frac{A_1}{A_2}\right)^2 =$ _____　　$\xi'_s = 0.5\left(1 - \frac{A_5}{A_3}\right) =$ _____

2. 记录数据并计算

记录实验数据并计算，将结果填入表 2.14 和表 2.15。

表 2.14　　　　　　　　　　　　　实 验 记 录 表

次数	流量 /(cm³/s)	测压管读数/cm					
		1	2	3	4	5	6
1							
2							
3							
4							

表 2.15　　　　　　　　　　　　　实 验 计 算 表

次数	阻力形式	流量 /(cm³/s)	前断面		后断面		h_j /cm	ξ		h_j' /cm
			$\dfrac{\alpha v^2}{2g}$ /cm	E_1 /cm	$\dfrac{\alpha v^2}{2g}$ /cm	E_2 /cm		ξ_1	ξ_2	
1										
2	突然扩大									
3										
1										
2	突然缩小									
3										

2.8.6　实验分析与讨论

（1）结合实验成果，分析比较突扩与突缩在相应条件下的局部损失大小关系。

（2）结合流动仪演示的水力现象，分析局部损失机理何在？产生突扩与突缩局部损失的主要部位在哪里？怎样减小局部损失？

2.9　实验 9　孔口出流与管嘴出流实验

2.9.1　实验目的和要求

量测孔口与管嘴出流的流速因数、流量因数、侧收缩因数、局部阻力因数以及圆柱形管嘴内的局部真空度。

2.9.2　实验装置

1. 实验装置简图

实验装置及各部分名称如图 2.17 所示。

2. 装置说明

（1）在容器壁上开孔，流体经过孔口流出的流动现象就称为孔口出流，当孔口直径 $d \leqslant 0.1H$（H 为孔口作用水头）时称为薄壁圆形小孔口出流。在孔口四周界面上连接一长度约为孔口直径 3~4 倍的短管，这样的短管称为圆柱形外管嘴。流体流经该短管，并在出口断面形成满管流的流动现象叫管嘴出流。

图 2.17 中，（1）为圆角进口管嘴，（2）为直角进口管嘴，（3）为锥形管嘴，

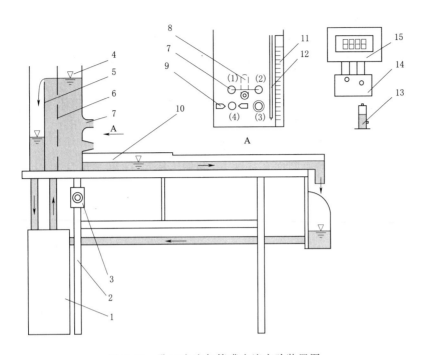

图 2.17　孔口出流与管嘴出流实验装置图

1—自循环供水器；2—实验台；3—可控硅无级调速器；4—恒压水箱；5—溢流板；6—稳水孔板；

7—孔口管嘴；8—防溅旋板；9—移动触头；10—上回水槽；11—标尺；12—测压管；

13—内置式稳压筒；14—传感器；15—智能化数显流量仪

（4）为薄壁圆形小孔口。结构详图如图 2.18 所示。在直角进口管嘴离进口 $d/2$ 的收缩断面上设有测压点，通过细软管与测压管 12 相连通。

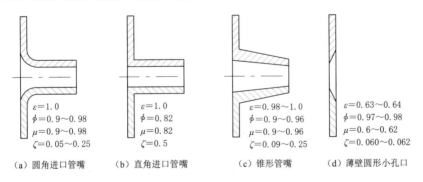

図 2.18　孔口管嘴结构剖面图

（2）智能化数显流量仪。本实验装置配置了最新发明的水头式瞬时智能化数显流量仪，测量精度一级。采用循环检查方式，同表分别测量四个管嘴与孔口的流量。

使用方法：先调零，将水泵关闭，确保传感器联通大气时，将波段开关打到调零位置，用仪表面板上的调零电位器调零。水泵开启后，流量将随水箱水位淹没管嘴的高度而变，切换波段开关至对应的测量管嘴或孔口，此时流量仪显示的数值即为对应的瞬时流量值。

3. 基本操作方法

（1）管嘴切换。防溅旋板 8 用于转换操作，当某一管嘴实验结束时，将旋板旋至进口截断水流，再用橡皮塞封口；当需开启时，先用旋板挡水，再打开橡皮塞。这样可防止水花四溅。

（2）孔口射流直径测量。移动触头 9 位于射流收缩断面上，可水平向伸缩，当两个触块分别调节至射流两侧外缘时，将螺丝固定。用防溅旋板关闭孔口，再用游标卡尺测量两触块的间距，即为射流收缩直径。

（3）直角进口管嘴收缩断面真空度 h_v 测量。标尺 11 和测压管 12 可测量管嘴高程 z_1 及测压管水位 z，$h_v = z_1 - z$。

（4）智能化数显流量仪调零。在传感器通大气情况下，将波段开关打到调零位置，用仪表面板上的调零电位器调零。

（5）实验流量。切换波段开关至对应实验项目，记录智能化数显流量仪的流量值。

2.9.3　实验原理

在一定水头 H_0 作用下，薄壁小孔口（或管嘴）自由出流时的流量可用下式计算：

$$q_v = \varphi \varepsilon A \sqrt{2gH_0} = \mu A \sqrt{2gH_0}$$

式中　$H_0 = H + \dfrac{\alpha v_0^2}{2g}$，一般因行近流速水头 $\dfrac{\alpha v_0^2}{2g}$ 很小，可忽略不计，所以 $H_0 = H$；

ε——侧收缩因数，$\varepsilon = \dfrac{A_c}{A} = \dfrac{d_c^2}{d^2}$，$A_c$、$d_c$ 分别为收缩断面的面积、直径；

φ——流速因数，$\varphi = \dfrac{1}{\sqrt{1+\zeta}} = \dfrac{\mu}{\varepsilon}$；

μ——流量因数，$\mu = \varepsilon\varphi = \dfrac{q_v}{A\sqrt{2gH_0}}$；

ζ——局部阻力因数，$\zeta = \dfrac{1}{\varphi^2} - \alpha$，可近似取动能修正因数 $\alpha \approx 1.0$。

ε、μ、φ、ζ 的经验值参见图 2.18。

根据理论分析，直角进口圆柱形外管嘴收缩断面处的真空度为 $h_v = \dfrac{p_v}{\rho g} = 0.75H$。

实验时，只要测出孔口及管嘴的位置高程和收缩断面直径，读出作用水头 H，测出流量，就可测定、验证上述各因数。

2.9.4　实验内容与方法

1. 定性分析实验

（1）观察孔口及各管嘴出流水柱的流股形态。依次打开各孔口、管嘴，使其出流，观察各孔口及管嘴水流的流股形态，因各孔口、管嘴的形状不同，过流阻力也不同，从而导致了各孔口、管嘴出流的流股形态也不同（注意：4 个孔口与管嘴不要同时打开，以免水流外溢）。

（2）观察孔口出流在 $d/H>0.1$（大孔口）时与在 $d/H<0.1$（小孔口）时侧收缩情况。开大流量，使上游水位升高，使 $d/H<0.1$，测量相应状况下收缩断面直径 d_c；再关小流量，上游水头降低，使 $d/H>0.1$，测量此时的收缩断面直径 d_c'。可发现当 $d/H>0.1$ 时，d_c' 增大，并接近于孔径 d，此时由实验测知，μ 也随 d/H 增大而增大，$\mu=0.64\sim0.9$。

2.定量分析实验

根据基本操作方法，测量孔口与管嘴出流的流速因数、流量因数、侧收缩因数、局部阻力因数及直角管嘴的局部真空度，实验数据处理与分析参考 2.9.5。

2.9.5　数据处理及成果要求

2.9

1.记录有关信息及实验常数

实验设备名称：＿＿＿＿＿＿＿＿＿＿　实验台号 No.＿＿＿＿＿＿

实验者：＿＿＿＿＿＿＿＿＿＿　实验日期：＿＿＿＿＿＿

孔口管嘴直径及高程：

圆角管嘴 $d_1=$＿＿＿＿＿＿$\times10^{-2}$m　直角管嘴 $d_2=$＿＿＿＿＿＿$\times10^{-2}$m

出口高程 $z_1=z_2=$＿＿＿＿＿＿$\times10^{-2}$m

锥形管嘴 $d_3=$＿＿＿＿＿＿$\times10^{-2}$m　孔口 $d_4=$＿＿＿＿＿＿$\times10^{-2}$m

出口高程 $z_3=z_4=$＿＿＿＿＿＿$\times10^{-2}$m

（基准面选在标尺的零点上）

2.记录数据并计算

记录实验数据并计算，将结果填入表 2.16。

表 2.16　　　　　　　　　　孔口管嘴实验记录计算表

项　　目	圆角管嘴	直角管嘴	圆锥管嘴	孔口
水箱液位 $z_0/\times10^{-2}$m				
流量 $q_v/(\times10^{-6}\,\mathrm{m}^3/\mathrm{s})$				
作用水头 $H_0/\times10^{-2}$m				
面积 $A/\times10^{-4}\,\mathrm{m}^2$				
流量因数 μ				
测压管液位 $z/\times10^{-2}$m	—		—	—
真空度 $h_v/\times10^{-2}$m	—		—	—
收缩直径 $d_c/\times10^{-2}$m	—	—	—	
收缩断面 $A_c/\times10^{-4}\,\mathrm{m}^2$	—	—	—	
侧收缩因数 ε				
流速因数 φ				
阻力因数 ζ				
流股形态				

3.成果要求

（1）回答定性分析实验中的有关问题，提交实验结果。

（2）测量计算孔口与各管嘴出流的流速因数、流量因数、侧收缩因数、局部阻力因数及直角进口管嘴的局部真空度，分别与经验值比较，并分析引起差别的原因。

2.9.6　分析思考题

（1）薄壁小孔口与大孔口有何异同？

（2）为什么相同作用水头、相等直径的条件下，直角进口管嘴的流量因数 μ 值比孔口的大、锥形管嘴的流量因数 μ 值比直角进口管嘴的大？

2.9.7　注意事项

（1）实验按先管嘴后孔口的顺序进行，每次塞橡皮塞前，先用旋板将进口盖好，以免水花溅开；关闭孔口时旋板的旋转方向为顺时针，否则水易溅出。

（2）实验时将旋板置于不工作的管嘴上，避免旋板对工作孔口、管嘴的干扰。不工作的孔口、管嘴应用橡皮塞塞紧，防止渗水。

（3）其他参考伯努利方程实验。

2.10　实验 10　达西渗流实验

2.10.1　实验目的和要求

（1）测量样砂的渗透系数 k 值，掌握特定介质渗透系数的测量技术。

（2）通过测量透过砂土的渗流流量和水头损失的关系，验证达西定律。

2.10.2　实验装置

1. 实验装置简图

实验装置及各部分名称如图 2.19 所示。

2. 装置说明

自循环供水如图 2.19 中的箭头所示，恒定水头由恒压水箱 1 提供，水流自下而上，利于排气。试验筒 4 上口是密封的，利用出水管 16 的虹吸作用可提高试验砂的作用水头。代表渗流两断面水头损失的测压管水头差用压差计 18（气-水 U 形压差计）测量，图中试验筒 4 上的测点①、②分别与压差计 18 上的连接管嘴③、④用连通软管连接，并在两根连通软管上分别设置管夹。被测量的介质可以用天然砂，也可以用人工砂。砂土两端附有滤网，以防细砂流失。上稳水室 13 内装有玻璃球，作用是加压重以防止在渗透压力下砂柱上浮。

3. 基本操作方法

（1）安装试验砂。拧下上水箱法兰盘螺丝，取下上恒压水箱，将干燥的试验砂分层装入筒内，每层 20～30mm，每加一层，用压砂杆适当压实，装砂量应略低于出口 10mm 左右。装砂完毕，在实验砂上部加装上过滤网 14 及玻璃球。最后在试验筒上部装接恒压水箱 1，并在两法兰盘之间衬垫两面涂抹凡士林的橡皮垫，注意拧紧螺丝以防漏气漏水。接上压差计 18。

（2）新装干砂加水。旋开试验桶顶部排气阀 12 及进水阀 8，关闭出水阀 16、放空阀 9 及连通软管上的管夹，开启水泵对恒压水箱 1 供水，恒压水箱 1 中的水通过进水管 3 进入下稳水室 7，如若进水管 3 中存在气柱，可短暂关闭进水阀 8 予以排除。

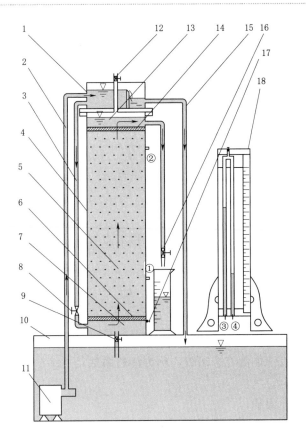

图 2.19　达西渗流实验装置图

1—恒压水箱；2—供水管；3—进水管；4—试验筒；5—试验砂；6—下过滤网；7—下稳水室；
8—进水阀；9—放空阀；10—蓄水箱；11—水泵；12—排气阀；13—上稳水室；
14—上过滤网；15—溢流管；16—出水管与出水阀；17—排气嘴；18—压差计

继续进水，待水慢慢浸透装砂圆筒内全部砂体，并且使上稳水室完全充水之后，关闭排气阀 12。

（3）压差计排气。完成上述步骤（2）后，即可松开两连通软管上的管夹，打开压差计顶部排气嘴旋钮进行排气，待两测压管内分别充水达到半管高度时，迅速关闭排气嘴旋钮即可。静置数分钟，检查两测压管水位是否齐平，如不齐平，需重新排气。

（4）测流量。全开进水阀 8、出水阀 16，待出水流量恒定后，用重量法或体积法测量流量。

（5）测压差。测读压差计 18 水位差。

（6）测水温。用温度计测量实验水体的温度。

（7）试验结束。短期内继续实验时，为防止试验筒内进气，应先关闭进水阀门 8、出水阀 16、排气阀 12 和放空阀 9（在水箱内），再关闭水泵。如果长期不做该实验，关闭水泵后将出水阀 16、放空阀 9 开启，排除砂土中的重力水，然后，取出试验砂，晒干后存放，以备下次实验再用。

2.10.3 实验原理

1. 渗流水力坡度 J

由于渗流流速很小，故流速水头可以忽略不计。因此总水头 H 可用测压管水头 h 来表示，水头损失 h_w 可用测压管水头差来表示，则水力坡度 J 可用测压管水头坡度来表示：

$$J = \frac{h_w}{l} = \frac{h_1 - h_2}{l} = \frac{\Delta h}{l}$$

式中　l——两个测量断面之间的距离（测点间距）；

h_1、h_2——两个测量断面的测压管水头。

2. 达西定律

达西通过大量实验，得到圆筒断面积 A 和水力坡度 J 成正比，并和土壤的透水性能有关的结论，即

$$v = k \frac{h_w}{l} = kJ$$

或

$$q_V = kAJ$$

式中　v——渗流断面平均流速；

k——土质透水性能的综合系数，称为渗透系数；

q_V——渗流量；

A——圆桶断面面积；

h_w——水头损失。

上式即为达西定律，它表明，渗流的水力坡度，即单位距离上的水头损失与渗流流速的一次方成正比，因此也称为渗流线性定律。

3. 达西定律适用范围

达西定律有一定适应范围，可以用雷诺数 $Re = \dfrac{vd_{10}}{\nu}$ 来表示。其中 v 为渗流断面平均流速；d_{10} 为土壤颗粒筛分时占 10% 重量土粒所通过的筛分直径；ν 为水的运动黏度。一般认为当 $Re < 1 \sim 10$ 时（如绝大多数细颗粒土壤中的渗流），达西定律是适用的。只有在砾石、卵石等大颗粒土层中渗流才会出现水力坡度与渗流流速不再成一次方比例的非线性渗流（$Re > 1 \sim 10$）的情况，达西定律不再适用。

2.10.4 实验内容

按照基本操作方法，改变流量 2~3 次，测量渗透系数 k，实验数据处理与分析参考 2.10.5。

2.10.5 数据处理及成果要求

1. 记录有关信息及实验常数

实验设备名称：＿＿＿＿＿＿＿＿＿　　　实验台号 No. ＿＿＿＿＿＿＿

实验者：＿＿＿＿＿＿＿＿＿＿＿　　　实验日期：＿＿＿＿＿＿＿

砂土名称：＿＿＿＿＿＿＿＿＿　　　测点间距 $l = $＿＿＿＿＿＿$\times 10^{-2}$ m；

砂筒直径 $d = $＿＿＿＿＿$\times 10^{-2}$ m　　　$d_{10} = $＿＿＿＿＿$\times 10^{-2}$ m

2.10

2. 记录数据并计算

记录实验数据并计算，将结果填入表 2.17。

表 2.17　　　　　　　　　　渗 流 实 验 记 录 计 算 表

序次	测点压差 /×10⁻²m			水力坡度 J	流量 q_V			砂筒面积 A /×10⁻⁴m²	流速 v /(×10⁻²m/s)	渗透系数 k /(×10⁻²m/s)	水温 T /℃	黏度 ν /(×10⁻⁴m²/s)	雷诺数 Re
	h_1	h_2	Δh		体积 /×10⁻⁶ m³	时间 /s	流量 /(×10⁻⁶ m³/s)						
1													
2													

3. 成果要求

完成实验数据记录及计算表。校验实验条件是否符合达西定律适用条件。

2.10.6　分析思考题

(1) 不同流量下渗流系数 k 是否相同？为什么？

(2) 装砂圆筒垂直放置、倾斜放置时，对实验测得的 q_V、v、J 与渗透系数 k 值有何影响？

2.10.7　注意事项

(1) 实验中不允许气体渗入砂土中。若在实验中，下稳水室 7 中有气体滞留，应关闭出水阀 16，打开排气嘴 17，排除气体。

(2) 新装砂后，开始实验时，从出水管 16 排出的少量浑浊水应当用量筒收集后予以废弃，以保持蓄水箱 10 中的水质纯净。

第 3 篇

演 示 类 实 验

3.1 实验 11 堰流实验

3.1.1 实验目的

观察不同 $\overline{H}$ 的有坎、无坎宽顶堰或实用堰的水流现象，以及下游水位变化对堰过流能力的影响。

3.1.2 实验设备

本实验设备如图 3.1 所示。

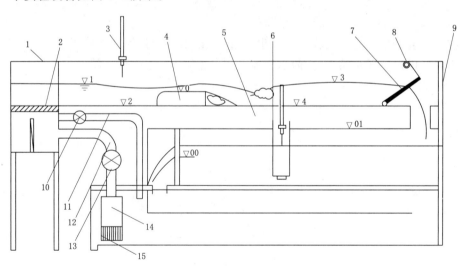

图 3.1　堰流实验装置图

1—有机玻璃实验水槽；2—稳水孔板；3—测针；4—实验堰；5—三角量水堰；6—三角堰水位测针；
7—多孔尾门；8—尾门升降轮；9—支架；10—旁通阀微调阀门；11—旁通管；12—供水管；
13—供水流量调节阀门；14—水泵；15—蓄水箱

3.1.3 实验原理

1. 堰流流量公式

自由出流
$$Q = mb\sqrt{2g}\,H_0^{3/2}$$

淹没出流 $\qquad Q=\sigma_s mb\sqrt{2g}H_0^{3/2}$

2. 堰流量系数经验公式

（1）圆角进口宽顶堰。

$$m=0.36+0.01\frac{3-p_1/H}{1.2+0.75p_1/H}\qquad（当 p_1/H\geqslant3 时，m=0.36）$$

（2）直角进口宽顶堰。

$$m=0.32+0.01\frac{3-p_1/H}{0.46+1.5p_1/H}\qquad（当 p_1/H\geqslant3 时，m=0.32）$$

3.1.4 实验方法与步骤（以宽顶堰为例）

（1）把设备常数记于实验表格中。

（2）根据实验要求流量，调节供水流量调节阀门 13 和下游尾门开度，使之形成堰下自由出流，同时满足 $2.5<\delta/H<10$ 的条件。待水流经稳定后，观察宽顶堰自由出流的流动情况，定性绘出其水面线图。

（3）用测针测量堰的上下游水位（在实验过程中不允许旋动测针针头）。

（4）待三角堰和测针筒中水位完全稳定后（需待 5min 左右），测量记录测针针筒中的水位。

（5）改变进水阀门的开度，测量 4～6 个不同流量下的实验参数。

（6）调节尾门，抬高下游水位，使宽顶堰成淹没出流（满足 $h_s/H_0\geqslant0.8$）。测量记录流量 Q' 及上下游的水位。改变流量重复 2 次。

3.1.5 实验分析与讨论

（1）量测堰上水头 H 值时，堰上游水位测针读数为何要在堰壁上游 $3H\sim4H$ 附近测读？

（2）为什么宽顶堰要在 $2.5<\delta/H<10$ 的范围内进行测量？

（3）有哪些因素影响实测流量系数的精度？如果行进流速水头忽略不计，对实验结果会产生多大影响？

3.1

3.2 实验 12 流线演示实验

3.2.1 实验目的

（1）通过实验进一步了解流线的基本特征。

（2）观察液体流经不同固体边界时的流动现象。

3.2.2 实验原理

流场中液体质点的运动状态，可以用迹线或流线来描述，迹线是一个液体质点在流动空间所走过的轨迹。流线是流场内反映瞬时流速方向的曲线，在同一时刻，处在流线上所有各点的液体质点的流速方向与各该点的切线方向相重合。在恒定流中，流线和迹线相互重合。在流线仪中，用显示液（自来水、红墨水），通过狭缝式流道组成流场，来显示液体质点的运动状态。整个流场内的"流线谱"可形象地描绘液流的流动趋势，当这些有色线经过各种形状的固体边界时，可以清晰地反映出流线的特征及性质。

3.2.3　实验设备

实验设备如图 3.2 所示，它们分别显示两种特定边界条件下的流动图像。

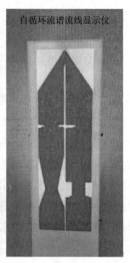

（a）流线形机翼过流流线　　（b）圆柱形桥墩过流流线　　（c）管径变化管道过流流线

图 3.2　自循环流谱流线显示仪

（1）图 3.2（a）可显示流线形机翼过流的流动形态。

（2）图 3.2（b）可显示圆柱形桥墩过流的流动形态。

（3）图 3.2（c）可显示管径变化管道过流的流动形态。

演示仪均由有机片制成狭缝式流道，其间夹有不同形状的固体边界。在演示仪的左上方有两个渗水盒，一个装自来水，另一个装红色水，两盒的内壁各自交错开有等间距的小孔通往狭缝流道，流道尾部装有调节阀。

3.2.4　实验方法

（1）首先打开演示仪的排气夹和尾部的调节夹进行排气，待气排净后拧紧调节夹，并将上方的两个盛水盒装满自来水。

（2）在装有自来水的两个盛水盒的任一个中滴少许红墨水并搅拌均匀。

（3）调节尾部控制夹，可使显示液达到最佳的显示效果。

（4）待整个流场的有色线（即流线）显示后，观察分析其流动情况及特征。

（5）演示结束后，倒掉演示液，并将仪器冲洗干净待用。

3.2.5　思考题

（1）流线的形状与边界是否有关系？

（2）流线的曲、直和疏、密各反映了什么？

3.2

3.3　实验 13　流场演示实验

3.3.1　实验目的

（1）演示流体经过不同边界情况下的流动形态，以观察不同边界条件下的流线、旋涡等现象，增强和加深对流体运动特性的认识。

（2）演示水流绕过不同形状物体的驻点、尾流、涡街现象、非自由射流等现象的感性认识。

（3）加深对边界层分离现象的认识，充分认识流体在实际工程中的流动现象。

3.3.2　实验设备

图 3.3 为壁挂式自循环流动演示仪的结构示意图。该仪器是由水箱、水泵、流动显示面等几个部分所组成。该仪器通过在水流中掺气的方法，利用日光灯的照射，可以清楚地演示不同边界条件下的多种水流现象。整个仪器由 7 个单元组成，每个单元都是一套独立的装置，可以单独使用，也可以同时使用。

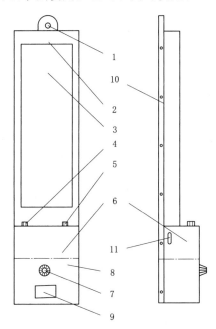

图 3.3　壁挂式自循环流动演示仪的结构示意图
1—挂孔；2—彩色有机玻璃面罩；3—不同边界的流动显示面；4—加水孔孔盖；
5—掺气量调节阀；6—蓄水箱；7—可控硅无级调速旋钮；8—电器、水泵室；
9—标牌；10—铝合金框架后盖；11—水位观测窗

3.3.3　实验步骤及演示内容

1. 操作程序

（1）接通电源，打开开关。关闭掺气阀，在最大流量下使显示面两侧水道充满水。

（2）用调节进气量旋钮调节进气量的大小。调节应缓慢，逐次进行，使之达到最佳显示效果（掺气量不宜太大，否则会阻断水流，或产生剧烈噪声）。

2. 演示内容

（1）WD-1型显示明渠逐渐扩散、桥墩形钝体绕流流段上的流动图形。通过观察，可以看出非圆柱体绕流也会产生卡门涡街，与圆柱绕流不同的是，该涡街的频率具有较明显的随机性。改变绕流体结构可以破坏涡街固有频率，避免共振。

（2）WD-2型显示明槽逐渐扩散、机翼绕流等流段的流动图形。通过观察，可以看出机翼绕流前部流态较好，流线顺畅，而后部也会产生边界层分离现象，增加流动阻力。

（3）WD-3型显示明槽逐渐扩散、单圆柱绕流等流段的流动图形。

1）驻点：观察流经圆柱前端驻点处的小气泡运动特性，可了解流速与压强沿圆周边的变化情况。

2）边界层分离现象：流动显示了圆柱绕流边界层分离现象，可观察到边界层分离点的位置及分离后的回流形态。

3）卡门涡街：圆柱的轴与水流方向垂直，在圆柱左右两个对称点上产生边界层分离，然后不断交替在圆柱下游的两侧产生旋转方向相反的旋涡，并随主流一起向下游运动，旋涡的强度逐渐减弱。

（4）WD-4型显示明槽逐渐扩散、单圆柱绕流等流段的流动图形。观察水流经过多圆柱绕流所产生的旋涡，可以了解被广泛用于热工中传热系统的"冷凝器"及其他工业管道的热交换器等。由流动图形可知，其换热效果较佳。

（5）WD-5型显示逐渐扩散、逐渐收缩、突然扩大、突然收缩等平面上的流动图形，模拟串联管道纵剖面流谱。在逐渐扩散段可观察到由于边界层分离而产生旋涡。而在收缩段，由于不产生边界层分离现象，流线均匀收缩，几乎没有旋涡产生，只在拐角处出现很小的旋涡。在突然扩大段出现了较大的旋涡区。由此可见，逐渐扩散段局部水头损失大于收缩段，而突然扩大段所产生的局部水头损失最大。

（6）WD-6型显示文丘里流量计、孔板流量计等流动图形和串联流道纵剖面上的流动图形。由显示可见，文丘里流量计的过流顺畅，流线顺直，无边界层分离和旋涡产生。孔板流量计在孔板前的拐角处有小旋涡产生，孔板后的水流逐渐扩散，并在主流区的周围形成较大的旋涡区。由此可见，孔板流量计结构简单，水头损失较大，流量系数较小（$\mu \approx 0.62$）。文丘里流量计流动形态较好，水头损失较小，流量系数较大（$\mu = 0.96 \sim 0.99$）。

（7）演示结束后，及时关机，切断电源。

3.3.4　注意事项

（1）开机后需等 $1 \sim 2\text{min}$，使流道气体排净后再演示，否则，仪器不能正常工作。

3.3

（2）水泵不能在低速下长时间工作，更不允许在通电情况下（日光灯亮）长时间处于停转状态，只有日光灯熄灭才是真正关机，否则水泵易烧坏。

（3）调速器旋钮的固定螺丝松动时，应及时拧紧，以防止内部电线短路。

3.3.5 思考题

（1）旋涡强度的大小与能量损失有什么关系？边界层分离现象发生在什么区域？

（2）卡门涡街具有什么特性？对绕流有什么影响？请指出实际问题中的卡门涡街现象。

（3）空化现象为什么常常发生在旋涡区？

3.4   实验 14   自循环虹吸原理演示实验

3.4.1 仪器简介

本实验仪由虹吸管、高低位水箱、测压计、流量调节阀、水泵、可控硅无级调速器及虹吸管自动抽气装置等部件组合而成（图 3.4）。

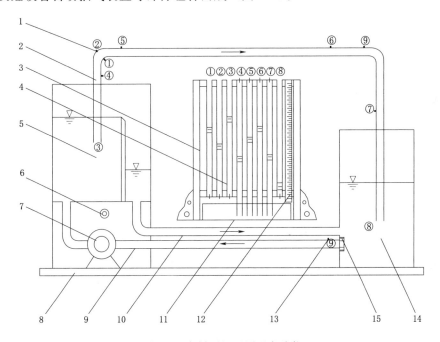

图 3.4 自循环虹吸原理实验仪

1—测点；2—虹吸管；3—测压计；4—测压管；5—高位水箱；6—可控硅无级调速器；7—水泵；8—底座；
9—吸水管；10—溢水管；11—测压计水箱；12—滑尺；13—抽气嘴；14—低位水箱；15—流量调节阀

3.4.2 实验指导

本实验仪可进行虹吸原理、伯努利方程及虹吸阀原理等教学实验。

1. 虹吸管工作原理

遵循能量的转换及其守恒定律：

$$z_1+\frac{p_1}{\gamma}+\frac{\alpha_1 v_1^2}{2g}=z_2+\frac{p_2}{\gamma}+\frac{\alpha_2 v_2^2}{2g}+h_{w1\text{-}2}$$

在实验中沿流观察可知，水的位能、压能、动能三者之间的互相转换明显，这是虹吸管的特征。例如水流自测点③流到测点④，其 $\dfrac{p_3}{\gamma}>0$，在流动中部分压能转换成动能和测点④的位能，结果测点④出现了真空（$\dfrac{p_4}{\gamma}<0$）。又根据弯管流量计测读出的流量，可分别算出测点③、测点④的总能量 E_3 和 E_4，且明显有 $E_3>E_4$，表明流动中有水头损失存在。类似地，水自测点⑥流到测点⑦、测点⑧的过程中，又明显出现位能向压能转换的现象。

2. 虹吸管的启动

虹吸管在启用前由于有空气，水就不能连续工作，为此，启用时，必须把虹吸管中的空气抽除。本仪器通过测孔⑨自动抽气。因虹吸管透明，所以启动过程清晰可见。本实验有两点值得注意：一是抽气孔应设在高管段末端，例如测点⑨；二是虹吸管的最大吸出高度不得超过 $10\mathrm{m}$，为安全考虑，一般应小于 $7\mathrm{m}$。

3. 真空度的沿程变化

由显示可知真空度沿流逐渐增大，到测点⑥附近，真空度最大，此后，由于位能转化为压能，真空度又逐渐减小。

4. 测管水头沿程变化

本虹吸仪所显示的测压管水柱高度不全是测压管高度。所谓测压管水头是指 $z+\dfrac{p}{\gamma}$，而测压管高度是指 $\dfrac{p}{\gamma}$。本实验中所显示的测管①、测管②、测管③和测管⑧标尺读数，若基准面选在标尺零点上，则都是测压管水头。而测管④～测管⑦所显示的水柱高度是 $\left(-\dfrac{p}{\gamma}\right)$ 值。因此测管液面高程即表示真空度的沿程变化规律。测管④～测管⑦的液柱高差，代表相应测点的位置高度差与相应断面间的水头损失之代数和，如测点④和测点⑤的测管液柱高度差 $\left[\left(-\dfrac{p_5}{\gamma}\right)-\left(-\dfrac{p_4}{\gamma}\right)\right]$ 值。由能量方程可知，

$$\left[\left(-\dfrac{p_5}{\gamma}\right)-\left(-\dfrac{p_4}{\gamma}\right)\right]=(z_5-z_4)+h_{\mathrm{w4-5}}。$$

因总水头 $z+\dfrac{p}{\gamma}+\dfrac{\alpha v^2}{2g}$ 沿流程恒减，而 $\dfrac{\alpha v^2}{2g}$ 在虹吸管中沿程不变，故测压管水头 $z+\dfrac{p}{\gamma}$ 沿流程也逐渐减小。

5. 急变流断面的测压管水头变化

均匀流断面上动水压强按静水压强规律分布，急变流断面则不然。如在弯管急变流断面上测点①、测点②，其相应测管有明显高差，且流量越大，高差也越大。这是由于急变流断面上，质量力除重力外，还有离心惯性力存在。因此，急变流断面不能被选作能量方程的计算断面。

6. 弯管流量计工作原理

弯管急变流断面内外侧的压强差随流量变化极为敏感，据此可选弯管作流量计使用。使用前，需先率定，绘制 Q-Δh 曲线（本仪器已提供），实验时只要测得 Δh

值，由曲线便可查得流量。

7. 虹吸阀工作原理

虹吸阀由虹吸管、真空破坏阀和真空泵三部分组成，本虹吸仪中分别用虹吸管2、抽气孔⑨和抽气嘴 13 代替。虹吸阀门直接利用虹吸管的原理工作，当虹吸管中气体抽除后，虹吸阀全开，当抽气孔⑨打开（拔掉软塑管）时，即破坏了真空，虹吸管瞬即充气，虹吸阀全关。扬州江都抽水站就利用了此类虹吸阀。

3.4

参 考 文 献

[1] 何姣云. 水力学 [M]. 郑州：黄河水利出版社，2021.

[2] 贺晖，王华，陈铂. 水力学实验教程 [M]. 郑州：黄河水利出版社，2012.

[3] 李炜. 水力计算手册 [M]. 2 版. 北京：中国水利水电出版社，2006.

[4] 张耀先. 水力学 [M]. 北京：化学工业出版社，2005.

[5] 四川大学水力学与山区河流开发保护国家重点实验室. 水力学（上、下册）[M]. 5 版. 北京：高等教育出版社，2016.